Espace

Discovery
EDUCATION

GALLIMARD JEUNESSE

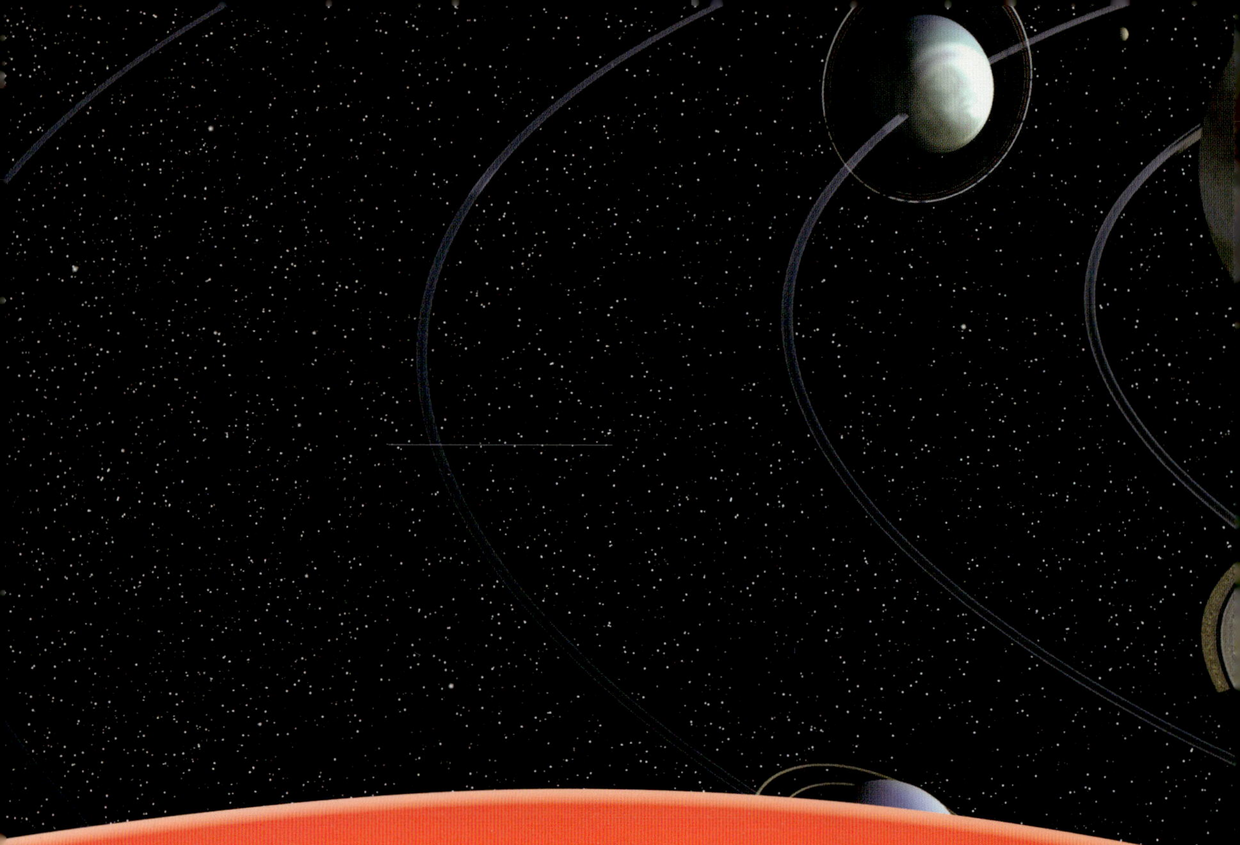

UN LIVRE WELDON OWEN

Conçu et réalisé par
Weldon Owen Pty Ltd
59-61 Victoria Street, McMahons Point
Sydney NSW 2060, Australie

Édition originale parue sous le titre
Earth's Place in Space

POUR L'ÉDITION ORIGINALE
WELDON OWEN PTY LTD
Direction générale Kay Scarlett
Direction de la création Sue Burk
Direction éditoriale Helen Bateman
Vice-président des droits étrangers Stuart Laurence
Vice-président des droits Amérique du Nord Ellen Towell
Direction administrative des droits étrangers Kristine Ravn
Éditeur Madeleine Jennings
Secrétaires d'édition Barbara McClenahan, Bronwyn Sweeney, Shan Wolody
Assistante éditoriale Natalie Ryan
Direction artistique Michelle Cutler, Kathryn Morgan
Maquettiste Lore Foye
Responsable des illustrations Trucie Henderson
Iconographe Tracey Gibson
Directeur de la fabrication Todd Rechner
Fabrication Linda Benton et Mike Crowton
Conseiller John O'Byrne

POUR L'ÉDITION FRANÇAISE
Responsable éditorial Thomas Dartige
Édition Éric Pierrat
Couverture Marguerite Courtieu
Photogravure de couverture Scan+
Réalisation de l'édition française
ML Éditions, Paris,
sous la direction de Michel Langrognet
Traduction Sylvie Deraime
Édition et PAO Anne Papazoglou-Obermeister et Annabelle Morand
Correction Christiane Keukens-Poirier

ISBN : 978-2-07-064450-6

Dépôt légal : août 2012
N° d'édition : 238270
Loi n° 49-956 du 16 juillet 1949 sur les publications destinées à la jeunesse.

Ne peut être vendu au Canada

Imprimé et relié en Chine par 1010 Printing Int Ltd.

Espace

Nicolas Brasch

Sommaire

Notre Univers

La Terre nous paraît énorme. Elle est pourtant toute petite dans l'espace qui nous entoure. Ce n'est qu'une planète parmi les huit du Système solaire. Et il y a probablement des milliards de systèmes solaires dans notre Galaxie, la Voie lactée, qui n'est elle-même qu'une galaxie parmi des milliards d'autres dans l'Univers.

Le Groupe local
La Voie lactée forme avec les galaxies les plus proches un amas appelé Groupe local. Andromède est la galaxie la plus étendue de cet amas.

Le Système solaire
Le Soleil, qui est une étoile, se trouve au centre du Système solaire. Huit planètes, dont la Terre, tournent autour de lui, ainsi que cinq planètes naines.

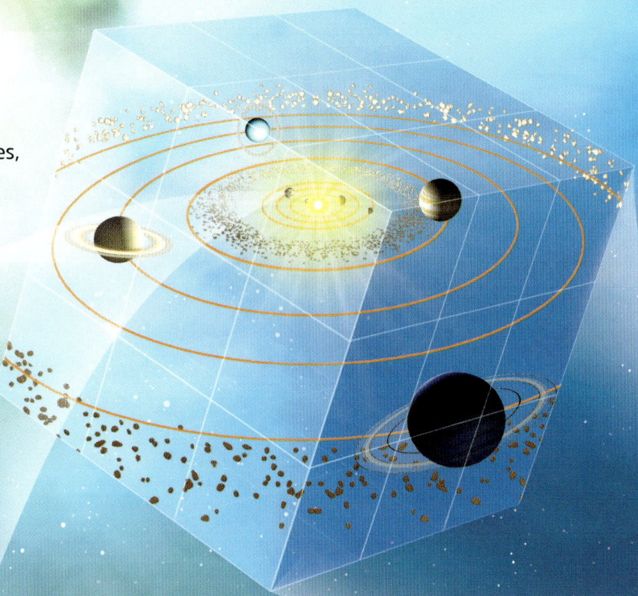

La Terre
Notre planète, riche en eau, reçoit sa chaleur et sa lumière du Soleil. À ce jour, on ne connaît aucune autre planète portant la vie.

UNE BILLE BLEUE

Les astronautes de la mission Apollo 8 furent les premiers, en 1968, à voyager vers la Lune, autour de laquelle ils se trouvèrent en orbite. Ils découvrirent que la Terre ressemble à une bille bleue flottant dans le noir de l'espace. La Lune leur sembla grise et sans vie en comparaison.

Régions lointaines
La lumière qui nous parvient des galaxies les plus éloignées que nous puissions observer a été émise par ces objets il y a plus de 13 milliards d'années.

La Voie lactée
En voyageant à la vitesse de la lumière, la traversée de notre Galaxie, la Voie lactée, durerait 100 000 ans.

Le voisinage

Le Système solaire forme notre voisinage proche. La Lune est notre voisine la moins éloignée. À la vitesse de la lumière, on l'atteindrait en une seconde. Il faudrait huit minutes pour rejoindre le Soleil et quatre heures pour parvenir jusqu'à Neptune.

Certains scientifiques pensent qu'il existe plusieurs univers.

Le big bang

L'Univers que nous observons aujourd'hui est beaucoup plus vaste que nous ne pouvons l'imaginer. Pourtant, il était tout entier tassé dans un espace encore plus réduit qu'un point microscopique avant l'événement que les scientifiques appellent le « big bang ». Ce fut, il y a 13,7 milliards d'années environ, le début d'une expansion spectaculaire et la naissance de l'Univers tel que nous le connaissons. L'éclair initial d'énergie dégagea une chaleur extrême, des milliards de fois plus importante que celle qui règne à la surface du Soleil. Depuis, l'Univers n'a cessé de se refroidir tandis que son expansion se poursuit.

Les trois premières minutes
À son commencement, l'Univers que nous connaissons se résume à des particules atomiques.

Une brève histoire du temps
La taille de l'Univers a explosé dans un éclair d'énergie, dense et extrêmement chaud. Ce très bref moment a marqué le début de l'espace et du temps.

L'échelle du temps

Si l'on condense toute l'histoire de l'Univers sur une année, l'histoire de l'humanité ne commence que le 31 décembre, quelques minutes avant minuit.

1 **Big bang**
0 h, 1er janvier

2 **Nuages de gaz**
0 h 10, 1er janvier

3 **Premières étoiles**
5 janvier

4 **Voie lactée**
Mi-janvier

5 **Système solaire**
1er septembre

6 **Début de la vie sur Terre** 22 septembre

Janvier	Février	Mars	Avril	Mai	Juin	Juillet	Août

Histoire de l'humanité
31 décembre

embre	Octobre	Novembre	Décembre

L'AVENIR DE L'UNIVERS

D'après les scientifiques, une force appelée « énergie sombre » accélère l'expansion de l'Univers. Cela pourrait provoquer un « big rip » (« grande déchirure » : la désagrégation des atomes), un « big chill » (« grand refroidissement » : l'extinction des étoiles), mais non, comme on l'a pensé un temps, un « big crunch » (« grand effondrement » : l'Univers ramené à un point minuscule).

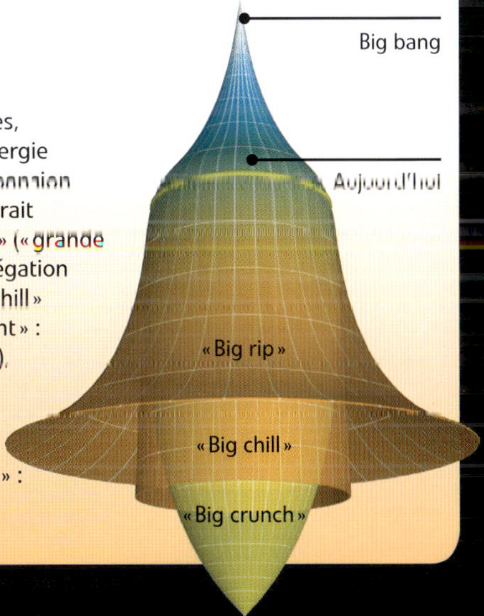

Le Système solaire

Notre Système solaire peut être divisé en trois grandes zones. D'abord, il y a le Soleil, autour duquel les planètes et les autres corps tournent en orbite. Puis vient la région intérieure : elle abrite les planètes rocheuses (Mercure, Vénus, la Terre et Mars) et la ceinture d'astéroïdes, située entre Mars et Jupiter, où orbitent des blocs de roche et de fer. Enfin, la région extérieure comprend les planètes géantes gazeuses (Jupiter, Saturne, Uranus et Neptune) ainsi que les planètes naines et les comètes.

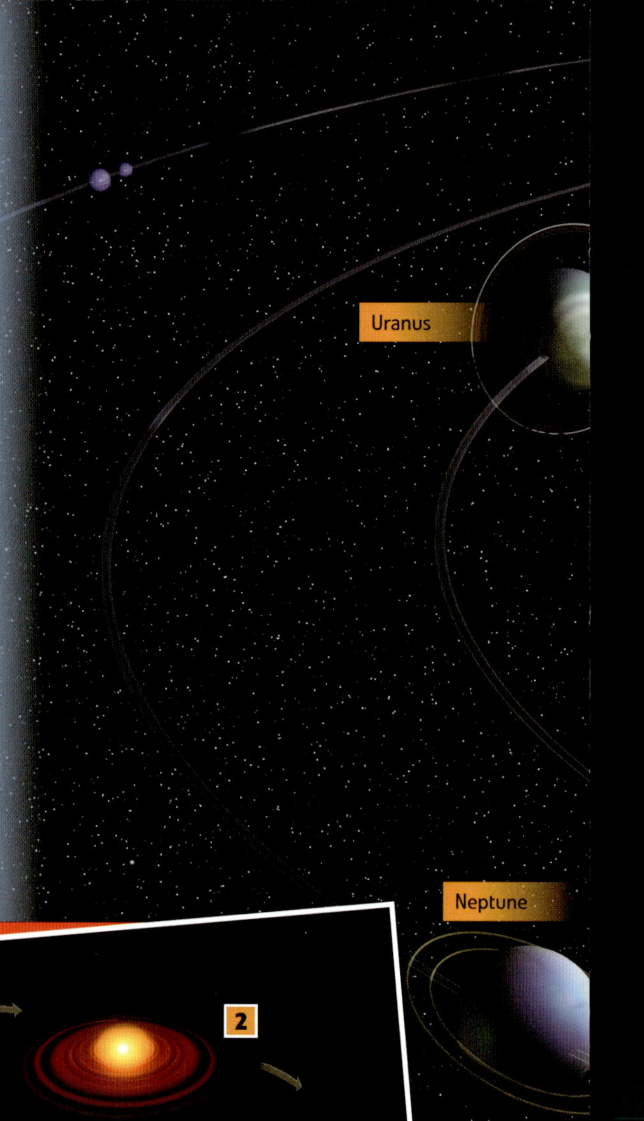

LA FORMATION DU SYSTÈME SOLAIRE

Le Système solaire pourrait s'être formé à la suite de l'explosion massive d'une étoile. Un nuage de gaz et de poussières s'effondra alors sous sa propre gravité. Après 1 à 2 millions d'années, ce nuage s'aplatit. Des grains de carbone, de roche, de glace et d'autres matériaux commencèrent à s'agréger, processus qui aboutit à la formation des planètes il y a 4,5 milliards d'années environ.

1 Une étoile explose.

2 Un nuage s'effondre.

3 Le nuage s'aplatit.

4 Système solaire actuel

Toutes les planètes portent le nom d'un dieu romain, à l'exception de la Terre.

La matière des planètes

Les planètes rocheuses (Mercure, Vénus, la Terre et Mars) se composent de roches et de métaux, et leur surface est solide. Les planètes géantes gazeuses (Jupiter, Saturne, Uranus et Neptune), surtout formées de gaz et de liquides légers, n'ont pas de surface solide.

Le Soleil

Le Soleil est si massif que sa force de gravitation détermine la trajectoire de tous les objets du Système solaire. Les planètes ont tendance à s'éloigner pour flotter dans l'espace, mais la puissante attraction exercée par le Soleil les maintient en orbite autour de lui.

Incroyable !

Le Soleil a un diamètre de 1,4 million de km ; sa température en surface s'élève à 5 500 °C contre 15 millions de °C en son cœur.

À l'intérieur d'une tache solaire

Les taches solaires sont des régions plus froides de la surface du Soleil. Elles ne sont pas permanentes mais apparaissent quand du gaz est piégé par un champ magnétique. Bien qu'à l'œil nu elles nous semblent petites, chaque tache est, en réalité, plus large que la Terre.

Le vent solaire

Le vent solaire est un flux de particules de gaz chaudes chargées électriquement qui s'écoule de l'atmosphère du Soleil, la couronne, dans toutes les directions. Les éruptions se produisant à la surface du Soleil déclenchent de fortes bourrasques de vent solaire.

Les orages magnétiques
Lorsque les particules du vent solaire, chargées électriquement, interagissent avec le champ magnétique terrestre, il se produit un orage magnétique dont l'une des manifestations visibles est l'aurore polaire.

Les éjections de masse coronale
Le Soleil éjecte parfois d'énormes bulles de gaz très chaud dans le Système solaire.

L'éclipse du Soleil

Quand la Lune s'interpose entre la Terre et le Soleil, il se produit une éclipse solaire. On peut alors voir le Soleil totalement ou partiellement masqué, selon l'endroit où l'on se trouve sur Terre.

L'ombre projetée
La Lune passant entre la Terre et le Soleil projette une ombre sur la Terre.

Une éclipse totale
Lorsqu'une éclipse est totale, le disque lumineux du Soleil est complètement masqué ; seule apparaît la couronne, la couche la plus extérieure.

Homonyme
Mercure porte le nom du messager des dieux romains.

Mercure

Mercure se trouve à 58 millions de km du Soleil. La plus petite planète est la plus proche de l'astre solaire. Elle décrit une orbite complète en 88 jours terrestres. Avec une température allant de –180 °C à 430 °C, c'est la planète qui connaît le plus grand écart de températures.

CROÛTE MINCE, NOYAU ÉPAIS

Un impact colossal a sans doute privé Mercure, il y a des milliards d'années, d'une partie de son enveloppe. Elle a donc une croûte mince mais un très gros noyau de fer et de nickel. C'est pourquoi Mercure est très dense.

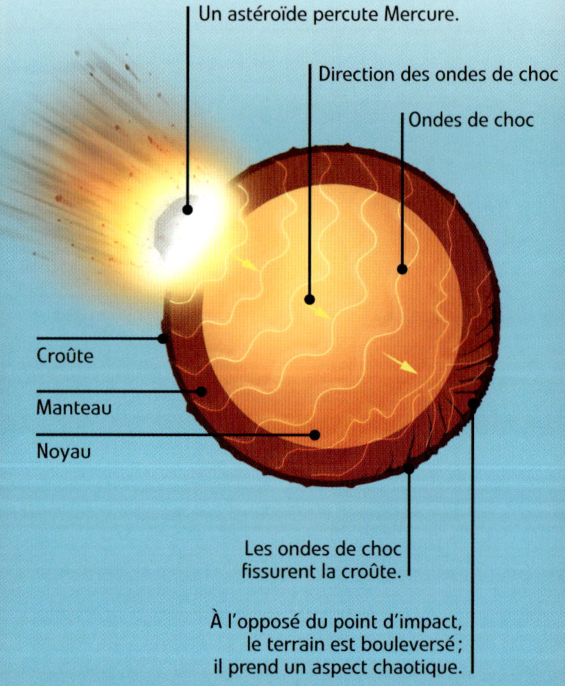

Vénus

Vénus est située à 108 millions de km du Soleil. Elle parcourt son orbite en 224,7 jours terrestres et en met 243 pour faire un tour complet sur elle-même. Sa température de surface s'élève à 460 °C.

Homonyme
Vénus était la déesse romaine de l'Amour.

Les éclairs
Des éclairs surgissent souvent des nuages, qui contiennent de l'acide sulfurique.

Les volcans
De la lave s'écoulait autrefois, et s'écoule encore peut-être, des volcans qui dominent les plaines de plusieurs milliers de mètres.

Les dômes
De la lave suintant à la surface a pu former, en refroidissant, les dômes volcaniques, moins élevés.

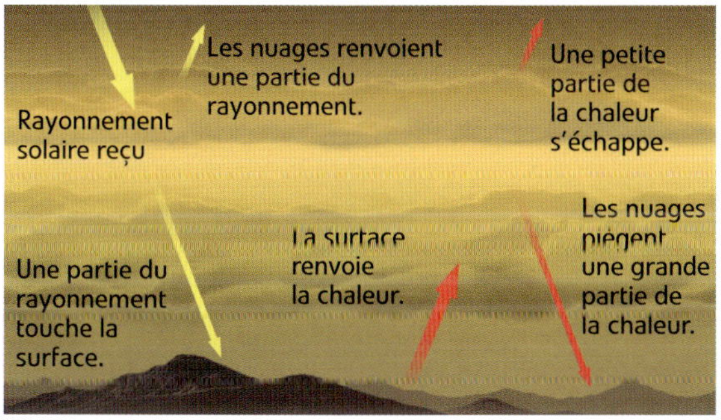

La planète serre
Bien que Vénus soit plus éloignée du Soleil, elle est plus chaude que Mercure. Son atmosphère piège en effet la chaleur par un puissant effet de serre.

La surface
La surface de Vénus, datée d'environ 500 millions d'années, est plus ancienne que celle de la Terre.

La Terre

Avec un diamètre de 12 756 km, la Terre est la plus grosse planète rocheuse et la seule qui soit accompagnée d'une grosse lune. Distante de 150 millions de km du Soleil, elle en fait le tour en 365,26 jours. Elle effectue une rotation complète sur son axe en vingt-quatre heures. Sa température de surface varie de – 88 °C à 58 °C, ce qui explique en partie que la vie puisse y prospérer.

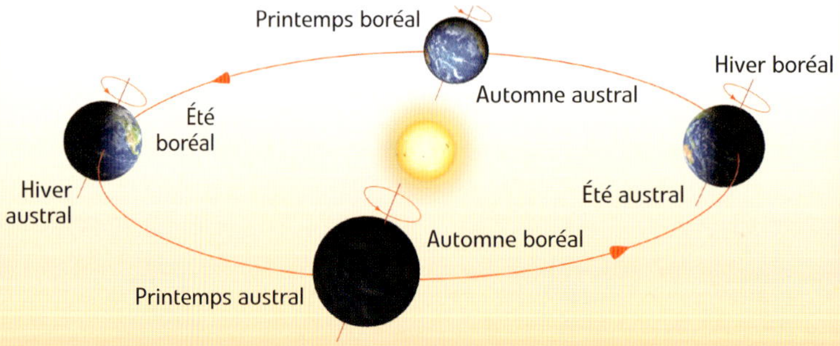

LE SOLEIL ET LES SAISONS

Les saisons existent parce que l'axe de rotation terrestre est penché. Ainsi, sur une partie de sa trajectoire autour du Soleil, la Terre incline vers lui son pôle Nord : c'est alors l'été dans l'hémisphère Nord et l'hiver dans l'hémisphère Sud. Puis les saisons s'inversent quand le pôle Sud penche vers le Soleil.

Les continents
Les grandes masses terrestres actuelles se sont formées très lentement.

Il y a 200 millions d'années
La Pangée, un supercontinent, commence à se diviser en deux.

Il y a 90 millions d'années
Les masses terrestres continuent de se morceler et s'écartent les unes des autres.

Aujourd'hui
Les six continents sont répartis sur tout le globe.

L'avenir
L'océan Atlantique va continuer de s'élargir et la mer Méditerranée disparaîtra peu à peu.

Vue de l'espace

L'eau couvre plus de 70 % de la surface terrestre. Et une grande partie des terres émergées est inhabitable pour les êtres humains. Mais la Terre est peuplée de millions d'espèces dont beaucoup vivent là où nous ne le pourrions pas.

La Lune

La Lune est le seul satellite naturel de la Terre et le deuxième objet le plus brillant dans notre ciel, après le Soleil. La distance qui sépare la Lune de la Terre varie à mesure que l'une tourne autour de l'autre ; elle est en moyenne de 384 400 km.

1 L'impact
La Lune s'est formée il y a environ 4,5 milliards d'années, peu après la collision d'une planète naissante avec la toute jeune Terre.

2 Les débris
Un anneau de débris, peut-être semblable aux anneaux de Saturne, a entouré un temps la Terre.

3 La formation
Les débris, provenant en partie de la Terre, en partie du corps qui l'a percutée, se sont agrégés, donnant naissance à la Lune.

La formation de la Lune
Les scientifiques pensent que la Lune est née d'une formidable collision.

Les phases de la Lune
À mesure que la Lune parcourt son orbite autour de la Terre, nous voyons une proportion différente de sa face éclairée par le Soleil. Ainsi, quand la Lune est à l'opposé du Soleil, la quantité de lumière réfléchie vers la Terre est maximale : c'est la pleine Lune.

Mars

Mars, qui se trouve à 228 millions de km du Soleil, parcourt son orbite en 687 jours terrestres. Sa température de surface varie de – 125 °C à 25 °C. Cette planète possède une atmosphère et des calottes glaciaires aux pôles, et elle connaît la succession des saisons.

Homonyme
Mars porte le nom du dieu romain de la Guerre.

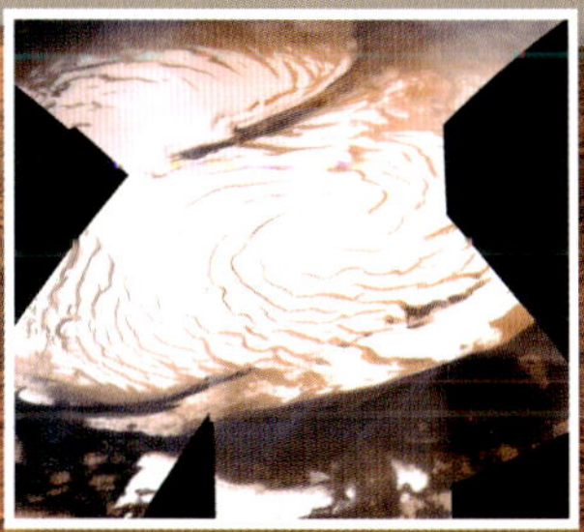

Les calottes glaciaires
Sur cette vue aérienne de la calotte du pôle Nord, des vallées dessinent des bandes spiralées.

Un brouillard de glace
Au printemps, des nuages et du brouillard surmontent la calotte glaciaire du pôle Sud.

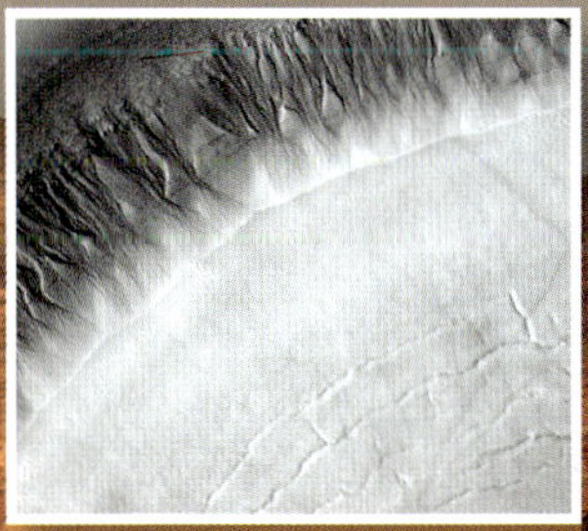

De l'eau
Les sondes ont détecté des signes de présence d'eau et de glace dans le bassin d'Acidalia Planitia.

Des tempêtes
L'air chaud soulève des nuages tourbillonnants de poussière qui balaient le paysage martien.

Un visage humain
En 1976, la Nasa a rendu publique cette image d'un relief naturel de Mars, évoquant un visage humain.

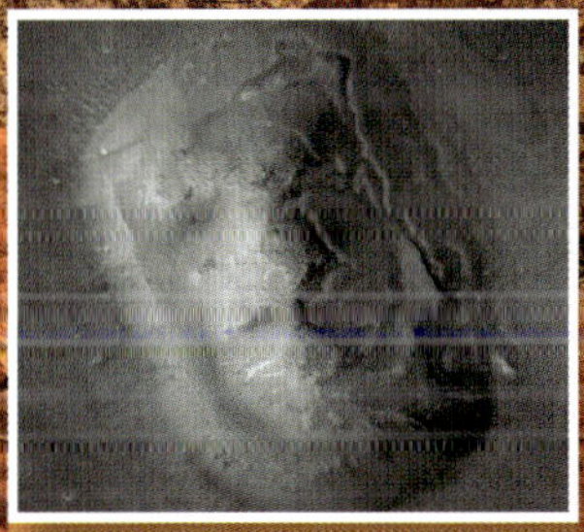

Zoom avant
Le « visage humain » est large d'environ 1,6 km. Des images plus précises montrent qu'il s'agit en fait d'un plateau rocheux.

Le Système solaire intérieur

LEUR TAILLE

DIAMÈTRE

La Terre = 12 756 km

Vénus = 12 100 km

Mars = 6 800 km

Mercure = 4 875 km

La Lune = 3 476 km

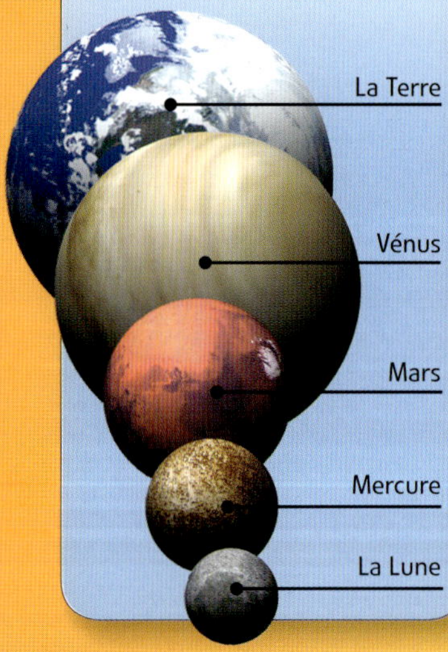

Mercure
Mercure possède un énorme noyau de fer et de nickel. Sa surface désolée est criblée de cratères.

Vénus
Vénus possède une atmosphère épaisse et étouffante qui libère des pluies d'acide sulfurique.

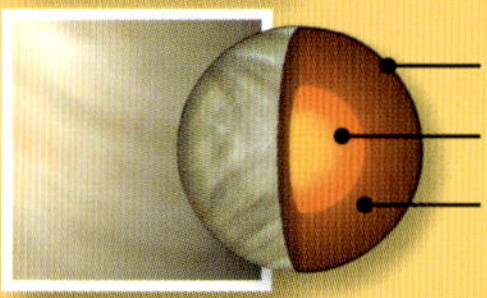

La Terre
La Terre est le seul objet du Système solaire où de l'eau, permettant la vie, coule en surface.

La Lune
Sur la Lune se côtoient des cratères anciens et des « mers » plus jeunes, formées de lave durcie.

Mars
Petite planète couverte de poussières rouges, elle abrite de la glace d'eau et de dioxyde de carbone.

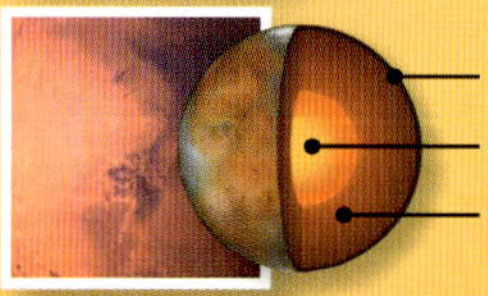

Nombre de lunes
Le Système solaire intérieur abrite trois lunes.

Mercure n'a pas de lune.

Vénus n'a pas de lune.

La Terre a une lune.

Mars a deux minuscules lunes.

Records du Système solaire intérieur

La planète la plus chaude
Il règne presque partout à la surface de Vénus une température de 460 °C. C'est la planète la plus chaude du Système solaire.

Le plus haut sommet
Olympus Mons surplombe la surface de Mars de 26 000 m.

La plus petite planète
Mercure est la plus petite planète de tout le Système solaire.

La Terre

Mercure

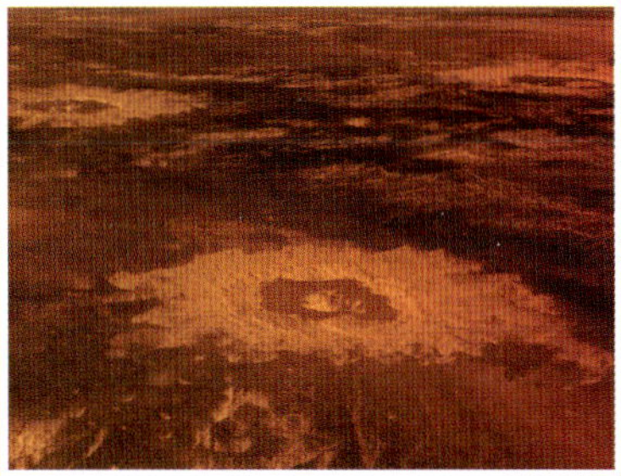

La surface de Vénus

La plus grande pluie de météores
La pluie du 13 novembre 1833 déversa environ 200 000 minuscules météores par heure sur la Terre.

Le plus grand canyon
Mars abrite le plus grand canyon, Valles Marineris, long d'environ 4 000 km et profond de quelque 8 000 m.

Le plus gros objet de la Ceinture d'astéroïdes
La planète naine, Cérès, mesure 960 km de diamètre.

Cérès

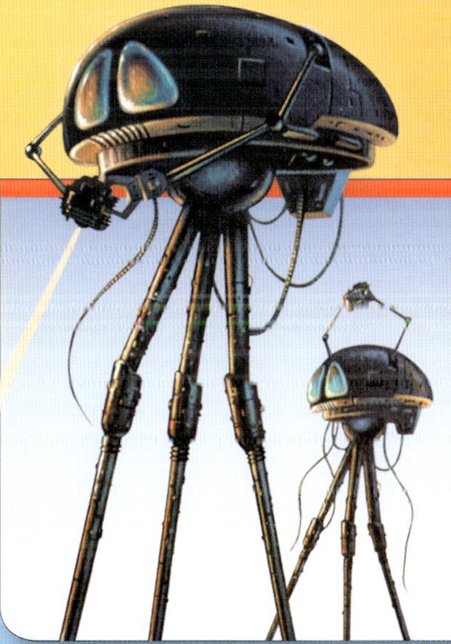

MARS ATTAQUE !

On voit des Martiens attaquer la Terre dans de nombreux films. Mais la plupart des scientifiques pensent que les conditions régnant sur Mars ne permettent pas l'épanouissement de formes de vie intelligente.

Dans le Système solaire intérieur

Les planètes rocheuses
On appelle planètes rocheuses les quatre planètes les plus proches du Soleil : Mercure, Vénus, la Terre et Mars.

Les astéroïdes
Des millions d'astéroïdes, des petits corps rocheux, tournent en orbite entre Mars et Jupiter.

Météores et météorites
Les météores sont des fragments rocheux qui se consument dans l'atmosphère terrestre. Parfois, un corps plus gros parvient intact sur la Terre : c'est une météorite.

Jupiter

Composée surtout d'hydrogène, un gaz léger, Jupiter est la plus grosse planète : elle pourrait contenir chacune des autres planètes du Système solaire. Située à 780 millions de km du Soleil, elle parcourt son orbite en 11,86 années terrestres. Il ne lui faut que 9,93 heures terrestres pour effectuer sa rotation.

Homonyme
Jupiter porte le nom du maître des dieux romains.

Les lunes de Jupiter
Jupiter possède au moins 63 lunes (ou satellites). Quatre sont de taille égale ou supérieure à la Lune.

Ganymède

Callisto

Io

Europe

La lune Europe pourrait cacher un océan d'eau liquide sous sa surface glacée.

Des bandes nuageuses
Jupiter est dissimulée par les bandes de nuages qui la ceinturent.

Des nuages brillants
Les plus hauts nuages, d'un blanc brillant, sont froids et formés de cristaux d'ammoniac.

La Grande Tache rouge
Cette énorme tempête fait le tour de la planète depuis des siècles.

Saturne

Saturne est éloignée de 1,40 milliard de km du Soleil et en fait le tour en 29,4 années terrestres. Cette planète possède au moins 62 lunes, mais elle se distingue surtout par les trois anneaux principaux qui l'entourent.

Homonyme
Saturne porte le nom du dieu romain du Temps.

Une planète légère
Comme Jupiter, Saturne est surtout composée d'hydrogène. Moins dense que l'eau, elle peut être comparée à un glaçon flottant dans l'eau plutôt qu'à un lourd rocher.

La formation des anneaux de Saturne

1 Une comète ou un astéroïde percute une des lunes glacées de Saturne.

2 L'impact produit des milliards de fragments glacés.

3 Les débris glacés se dispersent autour de la planète et se heurtent.

4 Des anneaux se forment par gravitation.

L'alphabet des anneaux
Les anneaux contiennent d'innombrables poussières, roches et blocs de glace.

- **A** On appelle division de Cassini l'espace séparant l'anneau A du B.
- **B** L'anneau B est le plus brillant.
- **C** L'anneau C est en partie transparent.

Homonyme
Uranus était le dieu romain du Ciel.

Uranus

Découverte en 1781, Uranus se situe à 2,87 milliards de km du Soleil et décrit son orbite en 84 années terrestres. Elle est étrangement couchée sur le côté. Elle possède au moins 27 lunes, pour la plupart composées d'eau, de glace et de roche. La température au sommet des nuages qui l'entourent est de – 216 °C.

Pourquoi Uranus penche-t-elle ?

Uranus aurait été heurtée dans sa prime jeunesse par un objet de la taille d'une planète. Elle a ainsi basculé sur le côté. Son axe de rotation est penché de 97,9 ° alors que la Terre n'est inclinée que de 23,5°.

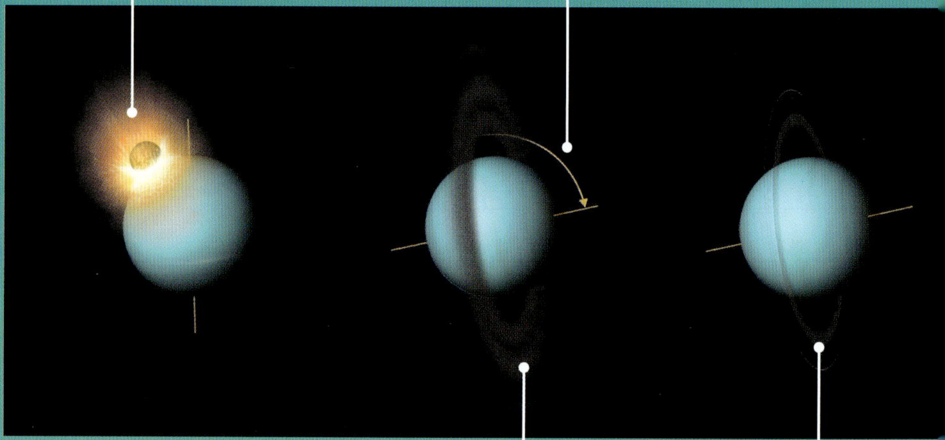

L'intérieur des planètes
La composition des planètes diffère autant que leur aspect. Certaines sont constituées de roches et de minéraux, d'autres de gaz, d'autres encore de composés glacés.

Neptune

Neptune, située à 4,5 milliards de km du Soleil, parcourt son orbite en 165 années terrestres. Découverte en 1848, cette planète est plus chaude qu'on pourrait s'y attendre compte tenu de sa distance par rapport au Soleil. Les astronomes ont découvert qu'elle possédait en fait une source interne de chaleur.

Homonyme
Neptune était le dieu romain de la Mer.

Les « geysers » de Triton

D'énormes « geysers » de glace jaillissent à la surface très froide (-235 °C) de Triton, une des lunes de Neptune. Elle se dépose ensuite à la surface, la couvrant d'une couche d'azote gelé.

Le poids des lunes
Bien qu'Uranus possède plus de deux fois plus de lunes que Neptune, les lunes de Neptune pèsent davantage en raison de la masse de Triton. Toutes ces lunes sont surtout formées de glace.

Uranus a 27 lunes.

Neptune a 13 lunes.

Plusieurs anneaux entourent Neptune, mais ils sont très sombres, donc difficiles à observer depuis la Terre.

Pluton et au-delà

Pluton se trouve à 5,9 milliards de km du Soleil, dont elle fait le tour en 248 années terrestres. Découverte en 1930, Pluton a été considérée comme une planète jusqu'en 2006. Elle a alors été reclassée comme planète naine, car on a découvert de nombreux objets de taille similaire en bordure du Système solaire.

Homonyme
Pluton doit son nom au dieu romain des Enfers souterrains.

Pas plus grosse qu'un pays
Pluton et sa plus grande lune, Charon, sont si petites qu'elles pourraient tenir dans la surface des États-Unis

Au-delà de Neptune
La ceinture de Kuiper est deux fois plus éloignée du Soleil que Neptune. Certains des objets qu'elle contient suivent des orbites semblables à celle de Pluton. D'autres, plus lointains, ont une orbite beaucoup plus inclinée.

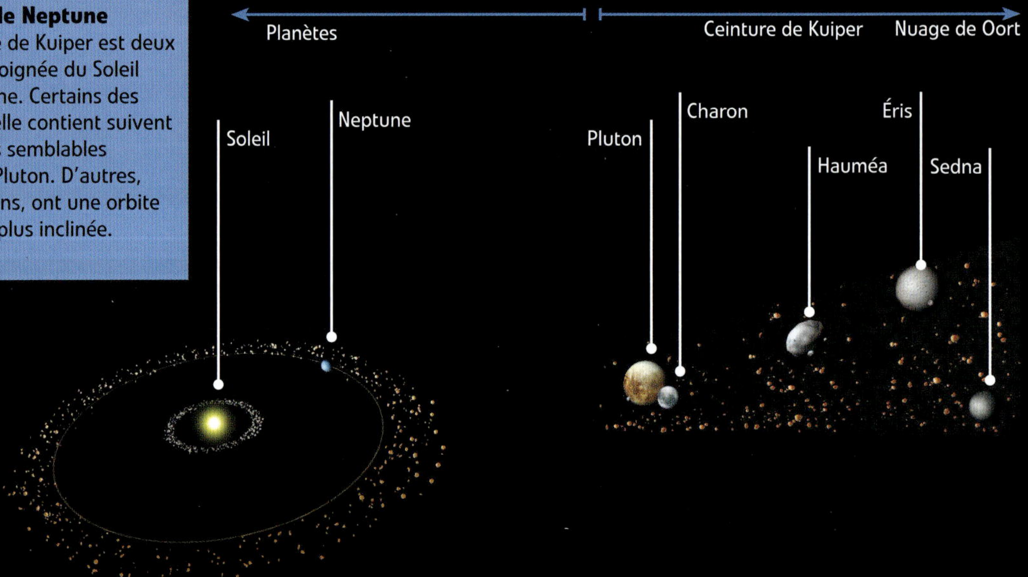

Objets en orbite
Pluton, Éris et de nombreux objets de la ceinture de Kuiper, semblables à des comètes, décrivent autour du Soleil des orbites elliptiques, si allongées qu'il leur faut des siècles pour les parcourir. Les orbites des huit planètes sont plus proches du cercle.

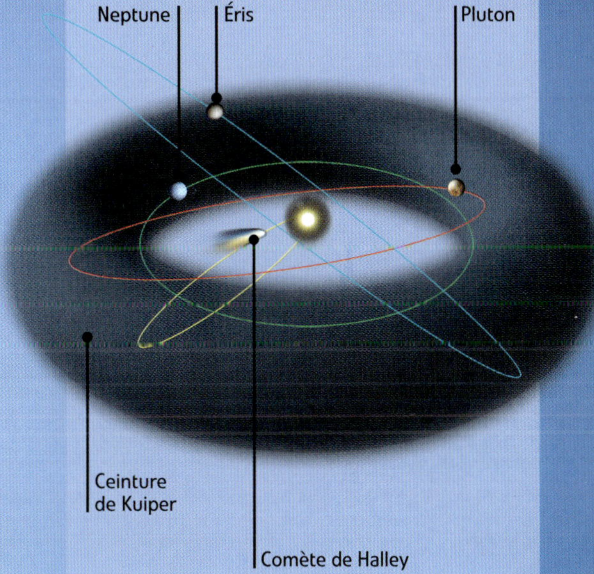

Des horizons nouveaux
À la différence des planètes du Système solaire, Pluton n'a pas encore été explorée. Une sonde spatiale, lancée en 2006, devrait passer à proximité de la planète naine en 2015.

Le Système solaire extérieur

Le Système solaire extérieur est si lointain que nous en savons bien moins sur lui que sur le Système solaire intérieur. Ainsi, les astronomes devraient y découvrir encore de nouvelles lunes alors que nous connaissons avec certitude celles des planètes intérieures.

TAILLE DES PLANÈTES

DIAMÈTRE

Jupiter = 143 000 km

Saturne = 120 540 km

Uranus = 51 120 km

Neptune = 49 500 km

Jupiter
Jupiter se distingue par son atmosphère formée de bandes colorées. Les tempêtes y durent des siècles.

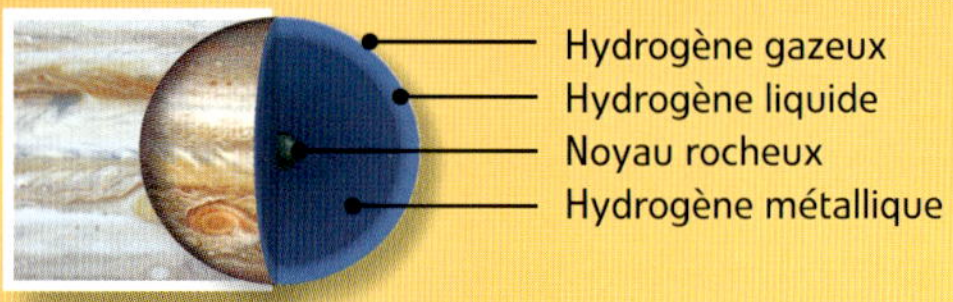

Saturne
Dans l'atmosphère plus froide et moins colorée de Saturne, les tempêtes sont moins facilement décelables.

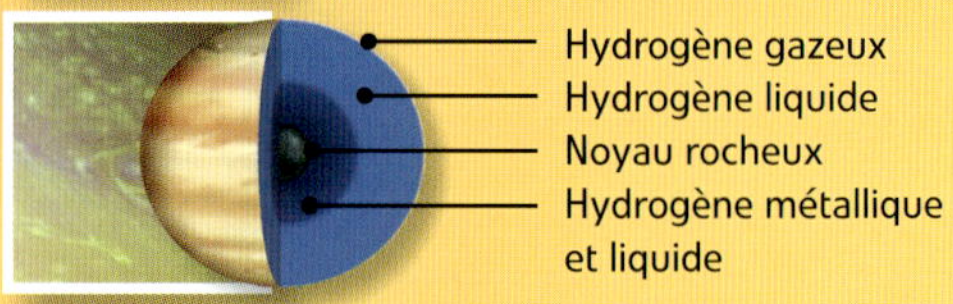

Uranus
L'atmosphère d'Uranus apparaît d'un bleu-vert uniforme.

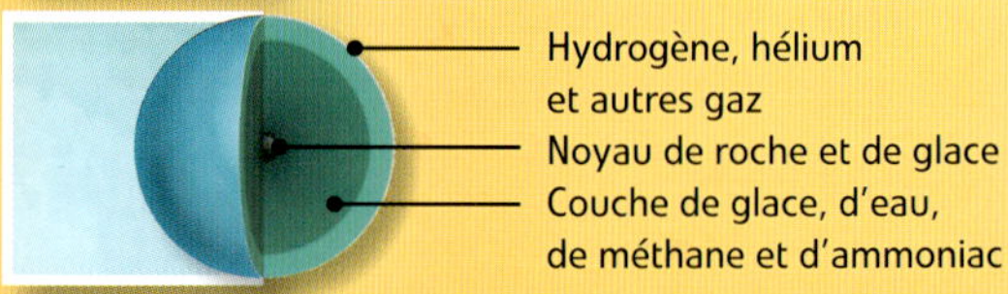

Neptune
La chaleur s'échappant de l'intérieur de Neptune engendre de violentes tempêtes.

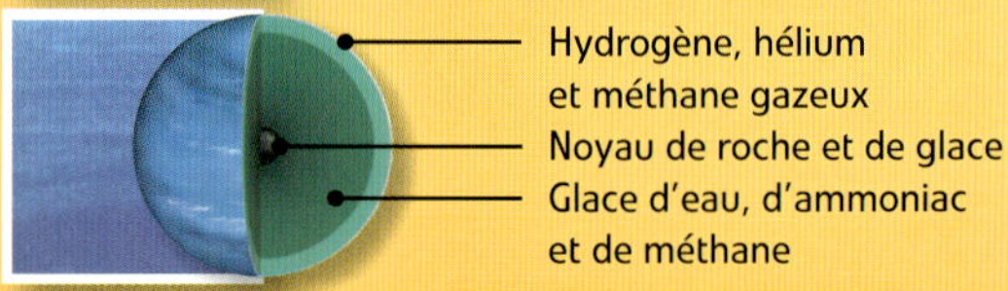

Nombre de lunes
La gravitation des planètes géantes étant plus forte, elles retiennent un plus grand nombre de lunes.

Jupiter possède au moins 63 lunes.

Saturne possède au moins 62 lunes.

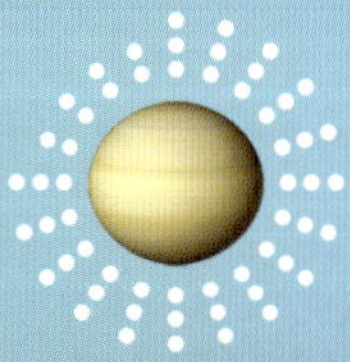

Uranus possède au moins 27 lunes.

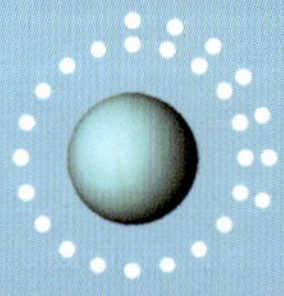

Neptune possède au moins 13 lunes.

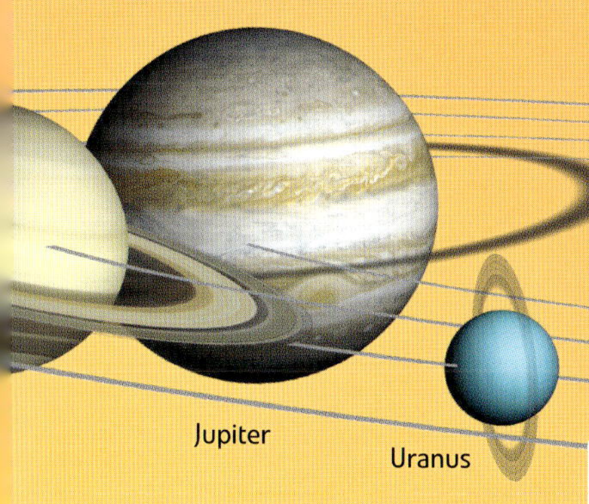

Records du Système solaire extérieur

La plus grosse planète
La masse de Jupiter, la plus grosse planète, représente 318 fois celle de la Terre.

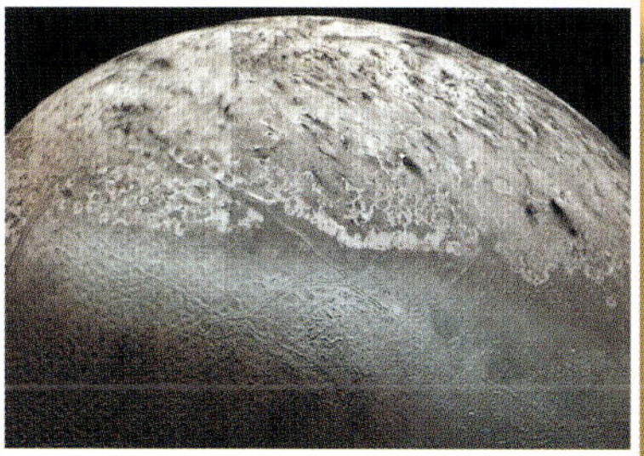
Triton

L'endroit le plus froid
La température de Triton, une des lunes de Neptune, est de – 235 °C.

La plus longue queue de comète
En mai 1996, la queue de la comète Hyakutake s'étirait sur plus de 570 millions de km.

Le plus gros objet de la ceinture de Kuiper
Le plus gros objet connu de la ceinture de Kuiper est la planète naine Pluton.

La planète la plus aplatie
Comme elle tourne très vite, Saturne est renflée en son milieu, ce qui l'aplatit.

La plus grosse lune
Ganymède, satellite de Jupiter, est la plus grosse lune du Système solaire.

L'existence de la ceinture de Kuiper avait été prédite quarante ans avant qu'elle ait été observée.

Dans le Système solaire extérieur

Géantes gazeuses
Jupiter et Saturne sont appelées géantes gazeuses en raison de leur taille et de leur richesse en hydrogène, en hélium et en autres gaz.

Les comètes
Les comètes sont des blocs de glace et de poussières de quelques kilomètres de diamètre. Mais leur queue peut s'étirer sur des millions de km.

La ceinture de Kuiper
Située au-delà de Neptune, la ceinture de Kuiper, qu'on voit ici en coupe, est peuplée de millions de corps glacés.

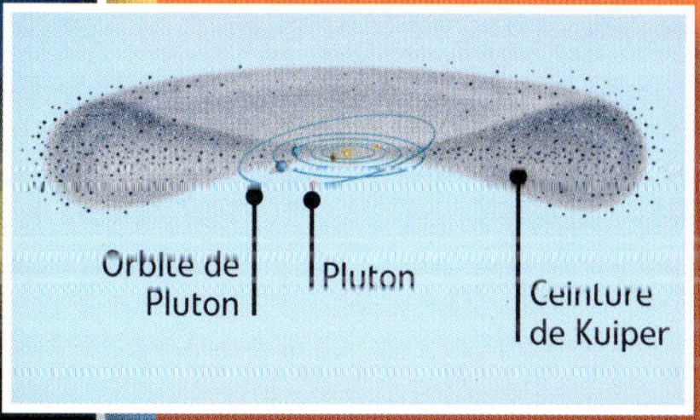

Pluton et les autres planètes naines
La ceinture de Kuiper abrite aussi des planètes naines, dont Pluton, qui a ses propres satellites.

Quiz

Peux-tu découvrir à quelle planète correspond chacune de ces définitions ?

1. Je suis la planète la plus proche du Soleil.
2. Je suis la plus grosse planète rocheuse.
3. Je suis couchée sur le côté.
4. Je suis plus chaude qu'on pourrait croire.
5. Des calottes polaires couvrent mes pôles, mais je ne suis pas la Terre.
6. Il me faut 224,7 jours terrestres pour faire le tour du Soleil.
7. Je fais un tour complet sur moi-même en seulement 9,93 heures.
8. Je suis reconnaissable à mes anneaux.

Réponses : 1 Mercure **2** La Terre **3** Uranus **4** Neptune **5** Mars **6** Vénus **7** Jupiter **8** Saturne

Glossaire

agréger, s'
se regrouper pour former un objet plus gros.

ammoniac
gaz léger, incolore et dégageant une odeur âcre.

astéroïde
bloc rocheux, pouvant contenir du métal, orbitant autour du Soleil.

atome
constituant élémentaire de la matière : tout est composé d'atomes.

axe de rotation
ligne imaginaire traversant un objet, autour de laquelle il tourne sur lui-même.

bourrasque
fort et brusque coup de vent.

carbone
élément chimique léger, non métallique, et constituant de base des êtres vivants.

champ magnétique
zone où s'exerce une force d'aimantation attirant ou repoussant les particules chargées électriquement.

comète
objet constitué de glace et de poussières, en orbite autour du Soleil. La vaporisation de la glace à proximité du Soleil engendre une queue de poussières et de gaz.

effet de serre
phénomène par lequel la chaleur du Soleil est en partie piégée par l'atmosphère d'une planète. Il existe sur Vénus et sur la Terre.

éruption solaire
dégagement soudain d'énergie à la surface, ou près, du Soleil.

expansion
agrandissement, en volume ou en surface. L'expansion de l'Univers se traduit par une augmentation de la distance entre les galaxies.

gravitation
force d'attraction s'exerçant entre tous les objets. Elle maintient, par exemple, les planètes en orbite autour du Soleil.

intelligent
doué de la faculté d'apprendre, de comprendre et de penser.

microscopique
si petit qu'on ne peut le voir qu'avec un microscope.

ombre
en astronomie, zone ne recevant pas de lumière.

orbite
trajectoire décrite par un objet autour d'un autre, qui l'attire par gravitation.

particule
très petite quantité de solide, de gaz ou de liquide.

planète naine
corps sphérique tournant autour du Soleil mais trop petit pour être considéré comme une planète.

poussière
particule de matière solide flottant dans l'espace ou se déposant à la surface des objets spatiaux.

rocheuse
qualifie la Terre et les planètes de composition et de structure comparables.

satellite
objet orbitant autour d'un objet plus grand.

Système solaire
ensemble formé par le Soleil, les planètes et tous les corps qui tournent autour de lui.

Index

Crédits et remerciements

Abréviations : hc = haut centre ; hd = haut droite ; cg = centre gauche ; c = centre ; cd = centre droite ; bg = bas gauche ; bc = bas centre ; bd = bas droite
CBT = Corbis ; DT = Dreamstime ; N = NASA ; PDCD = PhotoDisc ; SPL = Science Photo Library ; wiki = Wikipedia

Couverture : 1er plat : c N ; hd Weldon Owen Pty Ltd ; 4e plat : Weldon Owen Pty Ltd ; **Intérieur** : **6**bd N ; **12-13**c N ; **13**bc DT ; cd N ; hd SPL ; **19**bd, c, cg, cd N ; bc wiki ; **20**c PDCD ; **21**hc N ; **23**bg N ; **27**bd N ; **28**c, c, c, c N ; **29**c CBT ; cd N